Bibliografische Information der Deutschen Nationalbibliothek:

Die Deutsche Bibliothek verzeichnet diese Publikation in der Deutschen National-
bibliografie; detaillierte bibliografische Daten sind im Internet über http://dnb.d-
nb.de/ abrufbar.

Impressum:

Copyright © 2009 GRIN Verlag, Open Publishing GmbH
Druck und Bindung: Books on Demand GmbH, Norderstedt Germany
ISBN: 978-3-668-03031-2

Dieses Buch bei GRIN:

http://www.grin.com/de/e-book/304370/toxische-eisenkonzentration-in-verschiede-
nen-bodenhorizonten-analyse-von

Patrick Kastner

Aus der Reihe: e-fellows.net stipendiaten-wissen

e-fellows.net (Hrsg.)

Band 1563

Toxische Eisenkonzentration in verschiedenen Bodenhorizonten? Analyse von Bodenproben aus dem Raum Fürth

GRIN Verlag

GRIN - Your knowledge has value

Der GRIN Verlag publiziert seit 1998 wissenschaftliche Arbeiten von Studenten, Hochschullehrern und anderen Akademikern als eBook und gedrucktes Buch. Die Verlagswebsite www.grin.com ist die ideale Plattform zur Veröffentlichung von Hausarbeiten, Abschlussarbeiten, wissenschaftlichen Aufsätzen, Dissertationen und Fachbüchern.

Wolfgang-Borchert-Gymnasium Kollegstufenjahrgang 2007/2009

Langenzenn

F a c h a r b e i t
aus dem Bereich
Chemie

Thema:	Toxische Eisenkonzentration in verschiedenen Bodenhorizonten?
Verfasser:	Patrick Kastner
Leistungskurs:	Chemie
Kursleiten:	
Abgabetermin:	30.01.2009
Erzielte Punkte schriftlich: (einfache Wertung)	....
Erzielte Punkte mündlich: (einfache Wertung)	....
Gesamtpunktzahl: (einfach/doppelte Wertung)	......................./........................
Abgabe am:	....

....

(Unterschrift Kursleiten)

Inhaltsverzeichnis

1 Eisen als essentielles Spurenelement

Omnia sunt venena, nihil est sine veneno. Dosis sola facit venenum[1]
(Alle Dinge sind Gift und nichts ist ohne Gift; allein die Dosis macht, dass ein Ding
kein Gift ist)[2]

- Paracelsus, *1492-1541*

Diese medizinische Grundregel, die der deutsche Arzt Paracelsus in seiner „dritten defensio" 1538 formulierte, hat bis heute nichts von ihrer Gültigkeit verloren. Im Gegenteil: in den letzten Jahrhunderten taten sich durch den Fortschritt der Medizin immer neue Felder auf, bei denen neue Heilmittel aus ursprünglich giftigen Stoffen entwickelt wurden.

Dies lässt sich besonders anschaulich an Schlangengiften sehen, die auch als Basis für Medikamente und Gegengifte Verwendung finden[3]. Aber Paracelsus hat richtig erkannt, dass nicht nur von vornherein „schädliche" Stoffe, sondern auch „gute" Stoffe schädlich sein können – je nachdem, wie konzentriert sie aufgenommen werden.

Eisen an sich ist für höhere Organismen ein essentielles Spurenelement. Besonders Pflanzen benötigen es für ihr Wachstum, für die Biosynthese von Proteinen, Enzymen und für die Synthese des grünen Blattfarbstoffs - dem Chlorophyll[4]. Dieses ist die Voraussetzung für die Photosynthese, ohne die die gesamten Lebensvorgänge auf der Erde undenkbar wären. Essentiell[5] bedeutet in der Biologie und Chemie, dass ein bestimmter Stoff nicht vom Organismus aus anderen Nährstoffen synthetisiert werden kann. Der Organismus muss sich dieses Spurenelement also von außen verschaffen, um überleben zu können. Dies geschieht bei Pflanzen ausschließlich über Wurzeln aus dem Boden[6].

Falls das Eisen nicht in ausreichender Konzentration zur Verfügung steht, führt dies bei Pflanzen zu typischen Mangelerscheinungen: die jungen Blätter verfärben sich gelb, werden

---

[1]vgl. Wikipedia [20]
[2]nach Aschner [3]
[3]vgl. bo [8]
[4]vgl. Kaim, Wolfgang/Schwederski, Brigitte: Bioanorganische Chemie. Zur Funktion chemischer Elemente in Lebensprozessen [12], S. 158/167
[5]vgl. Wikipedia [17]
[6]nach Kaim/Schwederski: Bioanorganische Chemie [12], S. 168

fast weißlich und haben charakteristische grüne Blattadern. Auch wird das Wachstum der Pflanze und der jungen Blätter eingeschränkt[7]. Im Gegensatz dazu wirkt Eisen in höheren Konzentrationen für den Pflanzenorganismus toxisch[8].

Die vorliegende Arbeit soll untersuchen, ob Paracelsus' Grundsatz bezüglich des essentiellen Spurenelements Eisen auf Böden der näheren Umgebung zutrifft und ob eventuelle Schädigungen bei Pflanzen zu befürchten sind.

---

[7]vgl. Symptome von Eisenmangel [15]
[8]nach Kaim/Schwederski: Bioanorganische Chemie [12], S. 159

2 Grundlagen

Um die Auswirkungen des Eisens im Boden zu analysieren ist es nicht ausreichend, eine willkürliche Menge „Boden" zu untersuchen und daraus Schlüsse zu ziehen. Eine fundierte Bodenuntersuchung[9] setzt zum einen Kenntnisse über die Beschaffenheit des zu untersuchenden Bodens und zum anderen entsprechende Geräte voraus, damit z.b. auch Bodenproben aus größeren Tiefen entnommen werden kann. Deswegen soll zuerst einmal auf die theoretischen Grundlagen eingegangen, die notwendig sind um das System Boden besser zu verstehen. Da das Medium „Boden" an sich aber sehr komplex ist, kann hier trotzdem nur auf die Grundlagen eingegangen werden, die zur Anfertigung der Bodenproben und der Bewertung der selbigen notwendig sind.

2.1 Bodenaufbau

Die Abbildung 2.1 zeigt ein Schema eines Bodenprofils. Dieses ist, wie an den Markierungen erkennbar, in verschiedene „Horizonte" unterteilt, die jeweils entsprechende Funktionen und Eigenschaften[10] aufweisen. A bezeichnet den Oberboden bzw. die Humusschicht, aus dem die meisten Pflanzen ihre Nährstoffe und auch das für die Photosynthese benötigte Wasser beziehen. Außerdem werden von hier vorhandene Stoffe, wie z.B Ton und Eisen in untere Schichten abgeführt. B bezeichnet den Unterboden, auch Verwitterungsschicht genannt, in dem sich Tonminerale und Eisenoxide anreichern, die aus dem A-Horizont durch entsprechende Niederschlagsverhältnisse eingespült werden. Daher lässt sich vermuten, dass in den B-Horizonten der zu untersuchenden Böden am meisten Eisen vorliegt. Dieser Horizont sorgt, je nach Grad seiner Verwitterung, für das Vorhandensein verschiedener Bodenarten. Horizont C steht letztlich für das anliegende mineralische Ausgangsgestein, das schon teilweise vom Grundwasserspiegel beeinflusst werden kann. Der organische Horizont O und die Streuschicht L spielen für die vorliegende Arbeit keine Rolle, seien aber der Vollständigkeit halber erwähnt.

[9]vgl. Bayrische Landesanstalt für Landwirtschaft [6]
[10]nach Huntemann, Volker - LK Geographie - Bodentypen [11]

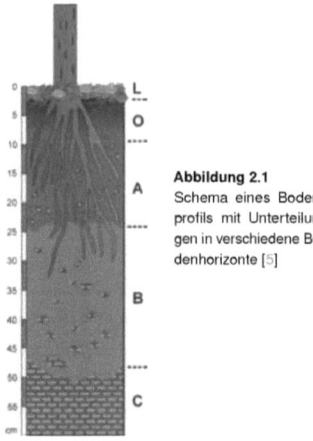

Abbildung 2.1
Schema eines Boden-
profils mit Unterteilun-
gen in verschiedene Bo-
denhorizonte [5]

2.2 Chemische Eigenschaften des Bodens

Zwischen den festen, flüssigen und gasförmigen Bestandteilen des Bodensystems finden die verschiedensten Reaktionen statt. Um die toxische Wirkung des Eisens besser zu verstehen, muss zuerst der Ionenaustausch und die damit verbundene Pufferfähigkeit des Bodens erläutert werden. Das Bodensystem besitzt fünf Pufferzonen, die in separaten pH-Bereichen liegen. Mit diesen Pufferzonen wird der pH-Wert in der jeweiligen Bodenschicht bei Einwirken einer Säure oder einer Lauge weitgehend stabil gehalten[11], was wiederum garantiert, dass es keine ständigen Schwankungen im Boden gibt, an die sich Pflanzen anpassen müssten. Das Problem aber ist, dass durch das „abpuffern" des pH-Wertes immer auch die Puffersubstanzen (meist Salze oder Schwermetalloxide[12]) verbraucht und dadurch gleichzeitig Schwermetall- oder Salzionen freigesetzt werden. Unter der Annahme, dass dem Boden Säure bzw. Lauge hinzugefügt wird, wird der pH-Wert nur so lange auf einem Level gehalten bis die Puffersubstanzen dieses pH-Bereichs verbraucht sind, worauf der pH-Wert schlagartig bis zur nächstgelegenen Pufferzone abfällt bzw. steigt.

2.3 Toxische Wirkung des Eisens auf die Pflanze

Die toxische Wirkung des Eisens hängt eng mit den Pufferzonen zusammen. Der Eisenpuffer liegt am unteren Ende der pH-Skala im Bereich < 3,8. Darüber liegt das Eisen vorwiegend

---

[11]nach Mortimer, Charles/Müller, Ullrich: Chemie. Das Basiswissen der Chemie. [13], S. 303
[12]vgl. Barthels, Ulrich/Wilhelm, Knabe: Das Experiment. Der Eisentest im Waldboden [4], S. 132 (Tabelle)

in Form von verschiedenen Eisenoxiden vor[13], die beim Eintreten in den Pufferbereich und weiterer Zugabe von Säure langsam abgebaut werden:

$$z.B. \quad FeOOH + 3H_3O^+ \longrightarrow Fe^{3+} + 5H_2O \qquad (2.1)$$

Die freiwerdenden Fe^{3+}-Ionen werden nun an der Wurzeloberfläche zu Fe^{2+}-Ionen reduziert und in dieser Form von den Pflanzen aufgenommen[14,15].

Dieses sogenannte reduzierte high-spin Eisen(II) ist für Organismen gefährlich, da es wie die folgenden Gleichungen zeigen, unter Anwesenheit von Sauerstoff zur Bildung von gefährlichen Radikalen, z.B. dem Disauertsoffradikal, kommen kann[16].

$$high-spin\,Fe^{2+} + O_2 \longrightarrow Fe^{3+} + O_2^- \qquad (2.2)$$

$$H_2O_2 + Fe_2^+ \longrightarrow Fe_{3+} + OH^- + OH^{\cdot} \qquad (2.3)$$

Diese freien Radikale spielen zwar bei vielen biologischen Prozessen eine wichtige Rolle, können aber auch Zellschäden hervorrufen, da sie mindestens ein ungepaartes Elektron besitzen und dadurch besonders reaktiv sind. Sie sind außerdem in der Lage Chlorophyll zu oxidieren, was zu einem Rückgang des Chlorophyllgehaltes in der Pflanze führt[17].

2.4 Bodenschätzung und Bodenzahlen

Um möglichst aussagekräftige Versuchsergebnisse zu erlangen, sollen möglichst stark divergierende Böden mit möglichst unterschiedlichen Eigenschaften untersucht werden. Seit 1935 besteht das „Gesetz über die Schätzung des Kulturbodens"[18], das damals von der Reichsfinanzverwaltung beschlossen wurde. Aus diesem Anlass fertigten Landesvermessungsämter Bodenschätzungskarten im Maßstab 1 : 5000 an, um die Ertragsfähigkeit der Böden in Deutschland zu erfassen. Die auf diesen Karten verzeichneten Bodenzahlen geben die

---

[13]nach Scheffler, Fritz: Lehrbuch der Bodenkunde [7], S. 25
[14]vgl. Scheffler, Fritz: Lehrbuch der Bodenkunde [7], S. 332
[15]vgl. Asch, Folkard: Pflanzliche Reaktionen auf abiotischen Stress unter veränderlichen Umweltbedingungen [2], S.11
[16]nach Kaim/Schwederski: Bioanorganische Chemie [12], S. 159
[17]nach Asch, Folkard: Eisentoxität bei Reis - Merkmalsdefinierung und Erkennung [1], S. 4
[18]vgl. Dörfler, J.: Pflanzliche Erzeugung. Lehrbuch für Landwirtschaftsschulen [10], S. 40

natürliche Ertragsfähigkeit des entsprechenden Bodens an. Diese Kennzahlen sind abhängig von Bodenart, Entstehung und Zustandsstufe[19]. Der Begriff der Zustandsstufe beruht auf dem Gedanken, dass der Boden sich im Laufe der Nacheiszeit aus seinem rohen Ausgangsgestein unterschiedlich entwickelt hat und somit verschieden gute Zustandsstufen aufweist.

Die Bodenkennzahlen auf der Karte werden auf einer Skala von 7 (sehr schlecht) bis 100 (sehr gut) wiedergegeben. Die Bodenkennzahl 50 eines Bodens sagt z.b. aus, dass nur die Hälfte des Ertrages erreicht werden, als es bei einem Boden mit der Bodenzahl 100 der Fall ist.

Anzumerken ist, dass diese Bodenschätzungskarten ausschließlich Angaben über landwirtschaftlich nutzbare Flächen geben und Waldgebiete nicht berücksichtigen. Das schließt die Probeentnahme an Waldstandorten[20] grundsätzlich aus. Anhand dieser Kennzahlen wurde die Bodenschätzungskarte (s. Anhang A) genutzt um geeignete Standorte für mögliche Probeentnahmen zu finden.

---

[19]vgl. Dörfler, J.: Pflanzliche Erzeugung. Lehrbuch für Landwirtschaftsschulen [10], S. 41
[20]vgl. Barthels, Ulrich/Wilhelm, Knabe: Das Experiment. Der Eisentest im Waldboden. [4]

3 Analyse der Bodenproben

3.1 Probeentnahme

Es wurden mehrere Landwirte kontaktiert und gebeten Bodenproben durchführen zu dürfen. Nach zwei positiven Rückmeldungen wurde mit dem Bohrstock jeweils eine Probe deren Böden im Raum Cadolzburg mit der höchsten und der niedrigsten Bodenzahl entnommen und später der jeweilige Boden mit der höchsten bzw. niedrigsten Bodenzahl für die folgenden Untersuchungen verwendet. Die Proben wurden an den gekennzeichneten Stellen der Bodenschätzungskarte entnommen und in die drei Horizonte aufgeteilt. Damit stehen sechs Bodenproben für die Untersuchungen zur Verfügung.

3.2 Beschreibung der Bodenproben

Mit Hilfe des Landwirts Herrn Strobel aus Greimersdorf und den Farbübergängen am Bodenmaterial (s. Abbildung 3.1, 3.2) wurde die Mächtigkeit der drei Bodenhorizonte (s. Kapitel 2.1) bestimmt und später digital gekennzeichnet.

Die Daten, die vom Landwirt bereitgestellt wurden, wurden mit denen aus der Bodenschätzungskarte verglichen und festgestellt, dass diese bis auf einen kleinen Unterschied bezüglich der Bodenzahl bei Probe 1 identisch waren. Da nicht bekannt ist, in welchen Jahr die Bodenschätzungskarte entstanden ist, kann es sein, dass diese im Moment nicht mehr auf dem aktuellsten Stand ist. Aufgrund der alljährlichen Niederschlagsvariabilität sind auch die Böden von Veränderungen betroffen, weshalb bezüglich Boden 1 die Informationen verwendet wurden, die mir persönlich von Herrn Strobel gegeben wurden. Beide Bodenproben wurden in der Umgebung von Greimersdorf (s. Anhang A) entnommen.

Abbildung 3.1: Boden von guter Qualität, Horizonte sind gekennzeichnet

Abbildung 3.2: Boden von schlechter Qualität, Horizonte sind gekennzeichnet

Eine Probe stammt von einem Feld auf dem Zuckerrüben, die andere Probe von einem Feld auf dem Raps angebaut wird. Anhand der Bodenschätzungskarten und der Informationen des Landwirtes konnte festgestellt werden, dass der Boden von Feld 1 eine Bodenzahl hat, die um 8 höher ist, als die des zweiten Bodens. Zudem enthält er, vor allem in Horizont B, sehr viel mehr Lehm als die zweite Probe, was auch an der Bodenart (s. Tabelle 3.1) erkennbar ist. Dies könnte für Boden 1 bedeuten, dass der Bodenwasserstrom hier nicht ungehindert hindurch fließen kann, sondern sich das Wasser auf Grund des hohen Lehmgehalts hier teilweise aufstaut. Zu erwarten wären hier, dass die pH-Werte der unteren Horizonte höhere Abweichungen vom A-Horizont aufweisen und aus diesem Grund auch der Eisengehalt im A-Horizont, mangels fehlender Möglichkeit zum Abtransport nach unten, am höchsten sein müsste.

Bezüglich Bodenprobe 2 kann vermutet werden, dass wegen des höheren Sandanteils der Bodenwasserstrom besser hindurchfließen kann. Der pH-Wert und der Eisengehalt müssten hier in den unteren Horizonten leicht ansteigen. Abschließend werden die Eigenschaften der zwei Proben noch in einer Tabelle zusammengefasst:

	Probe 1 (links)	Probe 2 (rechts)
Bodenzahl	53	45
Bodenart	S5V	sL4V
Beschreibung	sandiger Lehm	stark sandiger Lehm
Frucht	Zuckerrüben	Raps
Ort	Greimersdorf	Greimersdorf
Zustandsstufe	5	4

Tabelle 3.1
Klassifizierung der zwei untersuchten Bodenarten

3.3 Der Eisentest

Der ausgeführte Eisentest basiert auf einem spezifischen Farbvergleichstest für Fe_3^+-Ionen bei dem im ersten Schritt sechs Eichlösungen mit einem Konzentrationsgefälle hergestellt werden, deren Farbverteilung sich von klar (niedrigste Konzentration) bis schwarz-rot (höchste Konzentration) erstreckt. Jede Eichlösung steht hierbei für eine spezifische Konzentration an „labilen" Fe^{3+}-Ionen im Boden. Die später entstehenden Farbkonzentrationen der Bodenproben werden am Ende des Versuchs mit den Farbkonzentration der Eichlösungen verglichen und somit die jeweilige Eisenkonzentration pro kg Boden bestimmt. Da die entstehenden Farbkonzentrationen mit denen aus der Konzentrationslinie nicht exakt übereinstimmen werden, sind bei diesem Versuch nur Näherungswerte zu ermitteln, die in keinem Fall die exakte Eisenkonzentration im Boden angeben. Auch eine genauere quantitative Untersuchung mit einem Fotometer scheidet aufgrund der geringen Stabilität des Farbkomplexes aus.

3.3.1 Herstellung der Eichlösungen

Der erste Schritt des Eisentests besteht aus dem Herstellen der sechs Eichlösungen, die später mit den untersuchten Proben verglichen werden[21,22].

3.3.1.1 Versuchsvorbereitung

Geräte und Chemikalien:
- 6 große Reagenzgläser
- Waage
- Spatel
- Becherglläser
- Reagenzglashalter

- Eisen(III)-chlorid ($FeCl_3 \cdot 6 H_2O$)
- Butan-1-ol
- Kaliumthiocyanat-Lösung ($c(KSCN) = 1 \frac{mol}{L}$)
- Destilliertes Wasser

---

[21] nach Barthels, Ulrich/Wilhelm, Knabe: Das Experiment. Der Eisentest im Waldboden [4], S.131-134
[22] Da die vorgegebenen Massen und Volumina als unabmessbar zu bezeichnen sind, wurden alle Größen mit 100 multipliziert

3.3.1.2 Versuchsdurchführung

Da jeweils 100 ml der Lösungen für die Herstellung mehrerer Vergleichsreihen ausreichen, brauchen hierfür keine größeren Mengen angefertigt werden. Zunächst werden zwei Eisenchloridlösungen[23] mit unterschiedlicher Konzentration hergestellt. Zur Herstellung der Lösung A löst man 1 g Eisen(III)-chlorid in 100 ml destilliertem Wasser auf. Analog dazu wird Lösung B hergestellt, indem man 10 g Eisen(III)-chlorid in ebenfalls 100 ml destilliertem Wasser auflöst. In jedes der 6 großen Reagenzgläser wird nun zuerst 20 ml Kaliumthiocyanat-Lösung[24] und schließlich 50 ml Butan-1-ol gegeben. Im Anschluss daran werden durch unterschiedliche Zugabe der Mengen von Eisenchloridlösung A oder B die entsprechenden Eichlösungen hergestellt. Es ergeben sich dabei folgende Werte:

Nummer	Zugabe der entsprechenden Eisenchlorid-Lösung	pFe-Wert	Farbe	entsprechender Gehalt Eisen im Boden [mg/kg]
1	-	-	klar	0
2	1 ml von Lösung A	4.0	hellrosa	5
3	3 ml von Lösung A	3.5	rosa	15
4	1 ml von Lösung B	3.0	rot	50
5	3 ml von Lösung B	2.5	tiefrot	150
6	10 ml von Lösung B	2.0	schwarzrot	500

Tabelle 3.2: Verwendete Volumina zur Herstellung der Eichlösungen

3.3.1.3 Beobachtung

Das Gemisch aus Kaliumthiocyanat und Butan-1-ol bildet Emulsionen, die aus zwei Phasen bestehen (s. Abbildung 3.3). Nach Zugabe des Eisenchlorids entsteht in den oberen Phasen der Reagenzgläser, zu denen Eisenchlorid gegeben wurde, eine Rotfärbung mit einem Konzentrationsgefälle von hellrosa (2) bis schwarzrot (6).

3.3.1.4 Auswertung

Der angegebene pFe-Wert (s. Tabelle 3.2) leitet sich hierbei von der Definition des pH-Wertes ab. Infolgedessen lässt sich der pFe-Wert mit folgender Gleichung definieren:

$$pFe = -\log c(Fe^{3+}) \quad [\frac{mol}{L}] \tag{3.1}$$

---

[23]vgl. Wikipedia [18]
[24]vgl. Wikipedia [19]

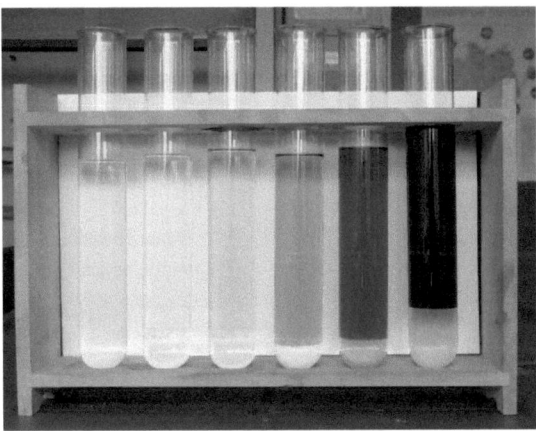

Abbildung 3.3: Konzentrationsgefälle der Eichlösungen

Eine Zunahme der Eisen-Ionenkonzentration im Boden entspricht also einer Abnahme des pFe-Wertes und vice versa. Die eigentliche Reaktion lässt sich anhand des Eisen(III)-chlorids erklären: Der Wasseranteil des hydratisierten Eisenchlorids reagiert mit den Eisenionen in der Suspension zu den komplexen Hexaaquaeisen(III)-Ionen [1]. Bei Zugabe des Salzes Kaliumthiocyanat wird einer der 6 Liganden des Eisenatoms durch ein dissoziiertes Thiocyanat-Ion [2] substituiert. Dadurch entsteht ein Triaquatrithiocyanatoeisen(III)-Komplex[25] [3] und Wasser [4]:

$$\underset{[1]}{[Fe(H_2O)_6]^{3+}} + \underset{[2]}{3\,SCN^-} \longrightarrow \underset{[3]}{[Fe(SCN)_3(H_2O)_3]} + \underset{[4]}{3\,H_2O} \tag{3.2}$$

Dieser Komplex hat eine intensive Rotfärbung, die sich in der oberen Butanol-Phase bildet. Die hergestellten Eichlösungen entsprechen somit den angegebenen Eisengehalten im Boden (s. Tabelle 3.2).

---

[25] nach Bruhn und Steinborn [9]

3.3.2 Bestimmung der pFe-Werte

Nun werden die pFe-Werte der entnommenen Bodenproben bestimmt[26].

3.3.2.1 Versuchsvorbereitung

Geräte und Chemikalien:

- 6 große Reagenzgläser
- Waage
- Spatel
- Butan-1-ol

- Verdünnte Salzsäure
- Kaliumthiocyanat-Lösung
  ($c(KSCN) = 1 \frac{mol}{L}$)
- 6 verschiedene Bodenproben

3.3.2.2 Versuchsdurchführung

Zuerst werden alle Reagenzgläser beschriftet, damit sie nach dem Versuch unterschieden werden können. Danach werden 20 g jeder Bodenprobe abgewogen und in jeweils ein Reagenzglas gegeben. Anschließend gibt man jeweils 20 ml der Kaliumthiocyanatlösung hinzu, schüttelt und lässt die Reagenzgläser einige Minuten ruhen. Anschließend wird noch 50 ml Butan-1-ol hinzugegeben, geschüttelt und abgewartet bis sich zwei Phasen gebildet haben. Falls sich die obere Phase nicht rötlich färbt, gibt man fünf Tropfen der Salzsäure hinzu und schüttelt erneut. Diese Verfahrensweise wird bei Nichteinfärbung noch einmal wiederholt. Verfärbt sich die obere Phase, wird sie mit dem Konzentrationsgradienten verglichen und so der pFe-Wert bestimmt. Tritt nach der zweiten Zugabe von Salzsäure keine Verfärbung ein, hat keine Reaktion stattgefunden und der Versuch ist beendet.

3.3.2.3 Beobachtung

Die Probe des Horizontes C-1 färbt sich ohne Zugabe von verdünnter Salzsäure sofort leicht rötlich. Alle restlichen Horizonte färben sich erst nach Zugabe von verdünnter Salzsäure unterschiedlich rot (s. Abbildung 3.4).

3.3.2.4 Auswertung

Da Eisen bei pH-Werten über 3,8 im Boden nur als Eisenoxid (s. Kap. 2.3) vorkommt, können die Fe^{3+}-Ionen erst reagieren, wenn sie in Lösung gehen und frei vorliegen. Dies wird, falls keine Reaktion stattfindet, mittels Salzsäure erreicht.

---

[26]nach Barthels, Ulrich/Wilhelm, Knabe: Das Experiment. Der Eisentest im Waldboden [4], S.131-134

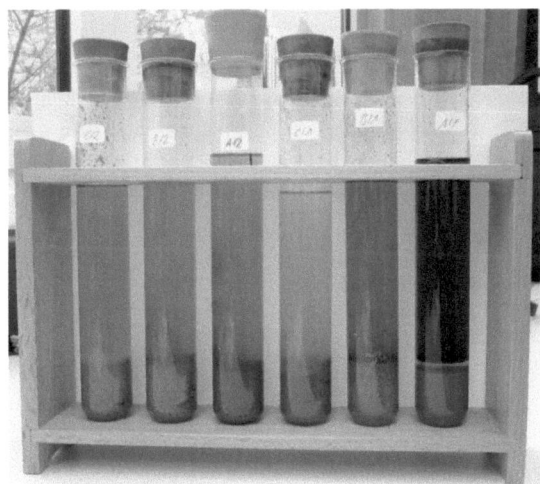

Abbildung 3.4: Ergebnisse der Horizonte C2, B2, A2, C1, B1, A1 (v.l.n.r)

Bei einer sofortigen Reaktion ohne Zugabe von verdünnter Salzsäure lässt sich also darauf schließen, dass der pH-Wert der Bodenprobe im Bereich um 3,8 liegt. Wenn auch nach Zugabe von Salzsäure keine Reaktion eintritt, verfügt der Boden über kein gebundenes Eisen. Aufgrund des relativ unpolaren Charakters des Butanols und der daraus resultierenden Nichtmischbarkeit mit Wasser erhält man zwei Phasen. Hierbei setzt sich der Wasseranteil mit den vorhandenen Bodenteilchen unten im Reagenzglas ab und die Farbstoffe werden in der darüber liegenden Butanol-Phase besser erkenn- und somit vergleichbar.

Die eigentliche Reaktion verläuft ähnlich wie die Reaktion in 3.3.1.4: Die Besonderheit hier ist, dass die Fe_3^+-Ionen aus den Eisenoxiden im Boden und nicht aus dem in Kap. 3.3.1.4 zugegebenen Eisenchlorid stammen.

Fe^{3+}-Ionen bilden mit Wasser komplexe Hexaaquaeisen(III)-Ionen [1], die nach Zugabe von Kaliumthiocyanat [2] zu Triaquatrithiocyanatoeisen(III)-Komplexen[27] [3] und Wasser [4] reagieren. Auch hierbei handelt es sich um einen Ligandenaustausch:

$$[1] \qquad [2] \qquad [3] \qquad [4]$$
$$[\text{Fe}(\text{H}_2\text{O})_6]_3^+ + 3\text{SCN}^- \rightarrow [\text{Fe}(\text{SCN})_3(\text{H}_2\text{O})_3] + 3\text{H}_2\text{O} \tag{3.3}$$

---

[27]nach Bruhn und Steinborn [9]

Dieser Komplex hat, je nach Konzentration, eine mehr oder weniger intensive Rotfärbung, die sich in der oberen Butanol-Phase bildet.

Es werden nun die Ergebnisse der Versuche analysiert: Bis auf die Probe aus dem Horizont C-1 zeigen alle Proben eine Rotfärbung erst nach Zugabe der jeweils angegebenen Menge verdünnter Salzsäure (s. Tabelle 3.3). Daraus lässt sich schließen, dass die pH-Werte jeweils über 3,8 liegen. Da die Probe C-1 sofort eine Reaktion zeigt, muss deren pH-Wert im Bereich um 3,8 liegen.

Tabelle 3.3: Zugabe von verdünnter Salzsäure zu den einzelnen Bodenproben

Probe	Zugabe von HCL
A-1	5 Tropfen
B-1	5 Tropfen
C-1	-
A-2	4 Tropfen
B-2	4 Tropfen
C-2	3 Tropfen

Die untersuchten Bodenproben werden nun mit den hergestellten Eichlösungen (s. Kap. 3.3.1) verglichen. Da die entstandenen Farbkonzentrationen wie erwartet nicht mit denen der Konzentrationslinie identisch waren, wurden diese näherungsweise eingeordnet und die Werte abgeschätzt. Die sich daraus ergebenden geschätzten pFe-Werte (vgl. Tabelle 3.2) sind in der Abbildung 3.5 dargestellt.

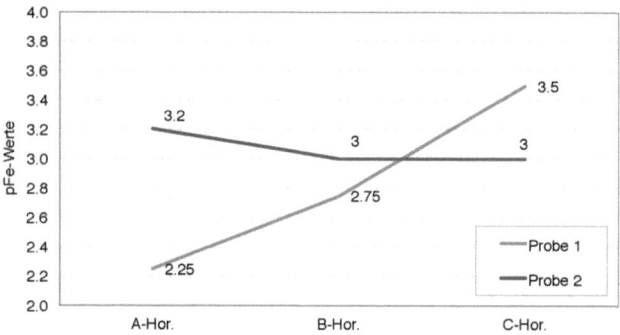

Abbildung 3.5: Plot der Ergebnisse der pFe-Werte der beiden Bodenhorizonte. Hohe pFe-Werte repräsentieren geringe Eisenkonzentrationen und umgekehrt

Aus dem Vergleich mit den Eichlösungen ergeben sich außerdem folgende Werte für die Eisenkonzentrationen: Probe 1 (rot) verzeichnet einen Abfall der Eisenkonzentration von ca. 400 mg im Horizont A, über ca. 100 mg im Horizont B, bis 15 mg im Horizont C. Bezüglich Probe 2 (blau) sind die Schwankungen deutlich geringer. Hier steigt die Eisenkonzentration von ca. 30 mg im Horizont A auf 50 mg in den Horizonten B und C. Dies lässt sich anschaulich anhand der Kurvenzüge in der Abbildung 3.5 erkennen. Die Kurve rot steigt viel schneller an als Kurve blau, was in Anlehnung an die Definition des pFe-Wertes (s. Kap. 3.3.1.4) bedeutet, dass die Eisenkonzentrationen in den unteren Horizonten ziemlich schnell abfallen.

Die Kurve blau fällt minimal ab, woraus geschlussfolgert werden kann, dass die Eisenkonzentrationen in den Horizonten B und C leicht ansteigen. Insgesamt lassen sich aber keine Gemeinsamkeiten feststellen. Damit haben sich nun einige der in Kap. 3.2 aufgestellten Vermutungen bestätigt: In Kap. 3.2 wurde die Vermutung geäußert, dass beim Boden 1 aufgrund des hohen Lehmgehaltes der Bodenwasserstrom gehemmt wird und so der Eisengehalt im A-Horizont, mangels fehlender Möglichkeiten zum Abtransport nach unten, am höchsten sein müsste. Bezugnehmend auf die vorliegenden Ergebnisse hat sich diese Vermutung bestätigt.

Hinsichtlich Bodenprobe 2 wurde vermutet, dass sich auf Grund der guten Wasserdurchlässigkeit der Sandschicht, die Eisenkonzentration gleichmäßiger verteilen wird. Auch diese Vermutung kann mit den gewonnenen Ergebnissen bestätigt werden. Um die Ergebnisse detaillierter auswerten und weitere bisherige Vermutungen bestätigen zu können, muss nun noch der genaue pH-Wert der sechs Proben bestimmt werden.

3.3.3 Ermittlung der pH-Werte

Die Untersuchung der Bodenproben wurde in Zirndorf von Fr. Hettinger-Hilscher nach der VDLUFA-Methode[28] ausgeführt. Die VDLUFA-Methode wurde von mir einige Zeit später im Labor anhand beliebiger Proben ausgeführt und nachvollzogen.

Bei der VDLUFA-Methode wird im Vergleich zu normalen pH-Wert Bestimmungen die Probe nicht mit destilliertem Wasser, sondern mit einer Calciumchlorid-Lösung versetzt. Da man sich das Bodensystem als ein Kationen-Austauschersystem (s. Kap. 2.2) vorstellen kann, werden durch die dissoziierten Ca_2^+-Ionen vor allem die H_3O^+-Ionen, aber auch verschiedene Metallionen (Al_3^+, Fe_3^+) teilweise substituiert. Dabei senken die freiwerdenden Oxonium-Ionen den pH-Wert (im Normalfall um 0,5). Hiermit wird eine Bodenlösung simuliert, wie sie in Bereichen gemäßigter Klimazonen vorliegt und deutschlandweit verglichen werden kann[29].

---

[28]vgl. Verband Deutscher Landwirtsch. Untersuchungs- und Forschungsanstalten [16]
[29]nach Scheffler, F: Lehrbuch der Bodenkunde [7], S. 135

3.3.3.1 Versuchsvorbereitung

Geräte und Chemikalien:

- 10 g luftgetrockneter Mineralboden
  (Feinboden)
- Röhrchen
- Waage

- Geeichte pH-Elektrode
- Reagenzglashalter
- Calciumchlorid-Lösung
  $(c(CaCl_2) = 0,01 \frac{mol}{L})$)

3.3.3.2 Versuchsdurchführung

Zu Beginn wird die Bodenprobe gesiebt und damit homogenisiert. Anschließend werden 10 g des gesiebten Bodens in ein 50 ml Röhrchen eingewogen und 25 ml der CaCl$_2$-Lösung hinzugegeben. Nach ungefähr 2 Stunden Wartezeit wird die geeichte pH-Elektrode in das Röhrchen mit der Suspension eingeführt und der pH-Wert nach einigen Sekunden des Einpendelns abgelesen. Analog dazu werden die restlichen fünf Proben bestimmt.

3.3.3.3 Versuchsergebnisse

Die pH-Wert-Messung ergab in allen Horizonten der Probe 1 einen pH-wert von 7,0 (s. Anhang A). In allen Horizonten der Probe 2 ergab sich ein pH-Wert von 7,6. Da der freie Kalk bei den vorliegenden Bodenarten nur bei pH-Werten von 6,6 - 6,8 bestimmt werden muss[30], entfällt diese Ermittlung.

Tabelle 3.4: pH-Werte der einzelnen Bodenhorizonte ermittelt mithilfe der VDLUFA-Methode

Horizont	Probe 1	Probe 2
A	7.0	7.6
B	7.0	7.6
C	7.0	7.6

---

[30]vgl. VDLUFA [16]

4 Diskussion

Nun werden die Ergebnisse der pH-Wert-Messung mit den Ergebnissen der pFe-Werte in Beziehung gesetzt.

Bezüglich des pH-Wertes der Probe aus dem Horizont C-1 wurde in Kap. 3.3.2.4 die Vermutung geäußert, dass dieser im Bereich um 3,8 liegen müsste. Die pH-Wert-Messung in Kap. 3.3.3.3 ermittelte einen Wert von 7,0 und konnte diese Vermutung somit nicht bestätigen.

Da beim Abmessen der Volumina bzw. beim Wiegen der Massen mit hoher Konzentration gearbeitet wurde, wird davon ausgegangen Abmessfehler ausschließen zu können. Eine mögliche Fehlerquelle könnte schon bei der eigentlichen Durchführung des Versuchs zu finden sein. Bei der Beobachtung in Kap. 3.3.2.3 wurde davon ausgegangen, dass Eisen-Ionen aufgrund der rötlichen Färbung ohne Zugabe der Salzsäure sofort in Lösung gingen und der pH-Wert dementsprechend niedrig war. Es könnte jedoch sein, dass hier andere Reaktionen zu einer Rotfärbung geführt haben und hier ebenfalls eine Zugabe von Salzsäure nötig gewesen wäre. Somit wäre die Vermutung auf einen pH-Wert im Bereich um 3,8 hinfällig gewesen und das pFe-Wert-Ergebnis würde sich mit der pH-Wert-Bestimmung decken.

Außerdem sind die pH-Wert Messergebnisse an sich ungewöhnlich. Erfahrungsgemäß steigt der pH-Wert (von Ackerflächen) in tieferen Bodenhorizonten leicht an, da sich der von den Landwirten von Zeit zu Zeit ausgebrachte Kalk durch den senkrechten Bodenwasserstrom in den tiefer gelegenen Abschnitten mit der Zeit ablagert und somit einen leicht höheren pH-Wert verursacht. Die Messungen decken sich also nicht mit den theoretischen Überlegungen.

Ein möglicher Erklärungsansatz wäre hier ein zu hoher Verdichtungsgrad im Boden. Ein Einsatz von schweren Erntegeräten kann in der Landwirtschaft zu folgenschweren Bodenverdichtungen führen[31]. Dabei wird der Boden über seine Eigenstabilität hin überlastet, worauf es zu einer Verschiebung der Bodenpartikel und schließlich zu einer sogenannten „Pflugsohle" kommt. Auf einer stark ausgeprägten Pflugsohle staut sich das Wasser auf, was zu einer Blockierung des Wasseraustausches mit den unteren Bodenhorizonten führt. Damit wären die, in den jeweils drei Bodenhorizonten der Bodenprobe 1 und 2, identischen pH-Werte zu erklären.

---

[31]vgl. StMUGV (Hrsg.): Lernort Boden [5], S. 261-263

Abschließend soll noch auf die Fragestellung der Facharbeit eingegangen werden, ob die Eisenkonzentrationen in zwei ausgewählten Böden in der Umgebung von Cadolzburg als toxisch für die Pflanzen anzusehen sind: Bei einer Eisenkonzentration von 500 - 2500 mg pro Liter Boden ist mit einem maximalen Ertragsverlust von 40 - 100 % zu rechnen. Ein Ertragsverlust von 30 - 70 % ist sogar noch bei einer Konzentration von 20 - 600 mg im Boden denkbar[32]. Prinzipiell liegen alle Proben bis auf den Horizont C-1 innerhalb dieser Konzentrationen. Da der pFe-Wert der Probe C-1 anzuzweifeln ist (s. oben), ist es wahrscheinlich, dass wahrscheinlich alle Proben innerhalb dieser Bereiche liegen.

Ausgehend von dieser Erkenntnis müsste es früher oder später zu einer Schädigung der Pflanzen auf den untersuchten landwirtschaftlich genutzten Flächen kommen. Da dies aber nicht der Fall ist, scheint diese Toxizität von einem anderen Faktor unterbunden zu sein. Ausgehend von den pH-Wert-Messergebnissen kann geschlussfolgert werden, dass die pH-Werte der untersuchten Bodenproben in einem neutralen Bereich um pH = 7 liegen. Gerade in diesem Bereich sind die Fe_3^+–Ionen, die ja im Prinzip in hoher Konzentration vorliegen, mit verschiedenen Eisenoxiden gebunden und somit für die Pflanzen in nur so geringem Maße verfügbar, dass das Eisen gerade noch seine Funktion als Spurenelement erfüllt aber nicht toxisch wirken kann. Landwirte unterstützen dies, indem sie von Zeit zu Zeit bzw. nach schlechten bzw. zu geringen pH-Wert-Messergebnissen ihre Felder kalken um den pH-Wert so auf einem neutralen, für die Pflanzen optimalen, Niveau zu halten.

---

[32]vgl. Asch, F.: Pflanzliche Reaktionen auf abiotischen Stress unter veränderlichen Umweltbedingungen [2], S. 11

5 Ausblick

Auch nichtessentielle Metalle im Boden, wie z.B Cadmium[33], stellen den Menschen vor zunehmende Probleme. Vor allem die Düngung von Ackerflächen mit industriellen Klärschlämmen aber auch der unsachgemäße Umgang mit Industrieabfällen sorgen dafür, dass sich die normalerweise eher selten vorkommenden toxischen Metallverbindungen in immer größerer Konzentration in den oberen Bodenschichten anreichern. Dort bleiben sie, denn sie sind nicht abbaubar. Da Pflanzen bei einer Überkonzentration nicht sofort absterben, bauen sie diese Schwermetalle bis zu einer gewissen Zeit in ihre Biomasse ein. Bekannt hierfür ist die Tabakpflanze, weshalb Cadmium auch im Zigarettenrauch vorhanden ist. Natürlich gibt es auch Futterpflanzen, die Cadmium speichern und es somit entweder direkt oder über Umwege in die menschliche Nahrungskette bringen. Mögliche Folgen wird man, wie so oft, erst nach Jahren feststellen und beurteilen können.

---

[33]nach Senatsverwaltung für Stadtentwicklung und Umwelt [14]

Abbildungsverzeichnis

Tabellenverzeichnis

Literatur

[1] Asch, F. *Eisentoxizität bei Reis - Merkmalsdefinierung und Erkennung*. (aufgerufen am 27.01.2009). 2007. URL: www.asch-online.eu/downloads/Eisentoxizitaet-Manuskript-Asch-GPZ07-print.pdf (siehe S. 5).

[2] Asch, F. „Pflanzliche Reaktionen auf abiotischen Stress unter veränderlichen Umweltbedingungen". In: *Kumulative Habilitationsschrift für das Fachgebiet Pflanzenphysiologie/Agrarökologie. Friedrich-Wilhelms-Universität Bonn* (2005) (siehe S. 5, 18).

[3] Aschner, B. *Paracelsus sämtliche Werke: nach der 10 Bändigen Huserschen Gesamtausgabe (1589-1591)*. v. 4. Zentralantiquariat der Deutschen Demokratischen Republik, 1932. URL: https://books.google.at/books?id=LcUYAAAAIAAJ (siehe S. 1).

[4] Bartels, U. und Knabe, W. „Das Experiment: Der Eisentest im Waldboden". In: *Chemie in unserer Zeit* 24.3 (1990), S. 131–134. ISSN: 1521-3781. DOI: 10.1002/ciuz. 19900240307. URL: http://dx.doi.org/10.1002/ciuz.19900240307 (siehe S. 4, 6, 9, 12).

[5] Bayerisches Staatsministerium für Umwelt und Verbraucherschutz. „Die Erde, die uns ernährt - Der Boden als Agrarstandort". In: *Handreichung „Lernort Boden"*. 2006. URL: http://www.stmuv.bayern.de/umwelt/boden/lernort_boden/ (siehe S. 4, 17).

[6] Bayrische Landesanstalt für Landwirtschaft. *Verbindliche Hinweise zur Bodenuntersuchung in Bayern*. (aufgerufen am 26.12.08). Dez. 2008. URL: http://www.lfl.bayern. de/labor_aktuell/artikel/12398/linkurl_0_0_0_2.pdf (siehe S. 3).

[7] Blume, H. u. a. *Lehrbuch der Bodenkunde*. 15. Aufl. Spektrum Lehrbuch. Spektrum Akademischer Verlag, 2002. ISBN: 9783827422514. URL: https://books.google.at/books?id=FpC60Rxm9oC (siehe S. 5, 15).

[8] bo. *Bedeutung des Schlangengiftes in der Medizin*. (aufgerufen am 21.01.2009). URL: http://www.gesundheit.de/medizin/naturheilmittel/naturheilmethoden/schlangen gift-heilendes-gift (siehe S. 1).

[9] Bruhn, C. und Steinborn, D. *Nachweis von Fe^{3+} als roter Thiocyanatoeisen-Komplex*. (aufgerufen am 22.01.2009). URL: http://www.chemgapedia.de/vsengine/vlu/vsc/ de/ch/6/ac/versuche/kationen/_vlu/eisen.vlu/Page/vsc/de/ch/6/ac/versuche/ kationen/eisen/nachweis.vscml.html (siehe S. 11, 13).

[10] Dörfler, J., Hüffmeier, H. und Landwirtschaftsberater in Bayern, V. der. *Die Landwirtschaft: Lehrbuch für Landwirtschaftsschulen. Pflanzliche Erzeugung*. Die Landwirtschaft : Lehrbuch für Landwirtschaftsschulen / Verband der Landwirtschaftsberater in Bayern e.V. BLV-Verlag-Ges., 1998. ISBN: 9783405154455. URL: https://books.google.at/ books?id=urpTmgEACAAJ (siehe S. 5, 6).

[11] Huntemann, V. „Bodentypen". In: *LK Geographie - Arbeitsblatt* (2011) (siehe S. 3).

[12]   Kaim, W. und Schwederski, S. *Bioanorganische Chemie: Zur Funktion chemischer Elemente in Lebensprozessen*. Lehrbuch : Chemie. Vieweg+Teubner Verlag, 2005. ISBN: 9783519335054. URL: https://books.google.at/books?id=ezZgH1b78SIC (siehe S. 1, 2, 5).

[13]   Mortimer, C. und Müller, U. *Chemie: das Basiswissen der Chemie*. 9. Aufl. Thieme, 2007. ISBN: 9783134843095. URL: https://books.google.at/books?id=kf%5C_lFH8Le6QC (siehe S. 4).

[14]   Senatsverwaltung für Stadtentwicklung und Umwelt. *Digitaler Umweltatlas Berlin: Blei-/Cadmium im Boden*. (aufgerufen am 28.01.09). URL: http://www.stadtentwicklung. berlin.de/umwelt/umweltatlas/i1031.htm (siehe S. 19).

[15]   *Symptome von Eisenmangel*. (aufgerufen am 12.12.2008). URL: http://www.projekt. infofarm.de/verbund/saarbruecken/LP_Naehrstoffmangel/nae-besr.htm (siehe S. 2).

[16]   Verband Deutscher Landwirtsch. Untersuchungs- und Forschungsanstalten. *Bodenuntersuchungen in Bayern*. (aufgerufen am 26.12.08). 2009. URL: http://www.lfl.bayern. de/zentrale_analytik/031606/ (siehe S. 15, 16).

[17]   Wikipedia. *Definition von essentiellen Stoffen — Wikipedia, The Free Encyclopedia*. (aufgerufen am 23.01.2009). URL: http://de.wikipedia.org/wiki/Essentielle_Stoffe (siehe S. 1).

[18]   Wikipedia. *Eisen(III)-chlorid und seine Verwendung — Wikipedia, The Free Encyclopedia*. (aufgerufen am 22.01.2009). URL: http://de.wikipedia.org/wiki/Eisen(III)-chlorid (siehe S. 10).

[19]   Wikipedia. *Kaliumthiocyanat und seine Verwendung — Wikipedia, The Free Encyclopedia*. (aufgerufen am 15.01.2009). URL: http://de.wikipedia.org/wiki/Kaliumthiocyanat (siehe S. 10).

[20]   Wikipedia. *Zitate des deutschen Arztes Paracelsus — Wikipedia, The Free Encyclopedia*. (aufgerufen am 22.01.2009). URL: http://de.wikiquote.org/wiki/Paracelsus (siehe S. 1).

A Anhang

- Bodenschätzungskarte Cadolzburg (Felder sind gekennzeichnet)

[Anhang in dieser PDF nicht enthalten; abrufbar unter:
http://www.bestellen.bayern.de/application/applstarter?
APPL=STMUG&DIR=stmug&ACTIONxSETVAL%28artdtl_geo.htm,APG
xNODENR:221066,AARTxNR:25203,USERxBODYURL:artdtl.htm,KA
TALOG:StMUG,AKATxNAME:StMUG,ALLE:x%29=X]